Bayron Ruiz

COLHEITA E MANEJO FLORESTAL EM 100 ha DE FLORESTA HÚMIDA TROPICAL

Bayron Ruiz

COLHEITA E MANEJO FLORESTAL EM 100 ha DE FLORESTA HÚMIDA TROPICAL

Exploração e gestão florestal nos trópicos

ScienciaScripts

Cover image: www.ingimage.com

This book is a translation from the original published under ISBN 978-620-0-00933-3.

Publisher:
Sciencia Scripts
is a trademark of
Dodo Books Indian Ocean Ltd. and OmniScriptum S.R.L publishing group

120 High Road, East Finchley, London, N2 9ED, United Kingdom
Str. Armeneasca 28/1, office 1, Chisinau MD-2012, Republic of Moldova, Europe
Managing Directors: Ieva Konstantinova, Victoria Ursu
info@omniscriptum.com

Printed at: see last page
ISBN: 978-620-8-50353-6

COLHEITA E MANEJO FLORESTAL EM 100 ha DE FLORESTA HÚMIDA TROPICAL

DR. BAYRON ALEXANDER RUIZ BLANDON

ÍNDICE DE CONTEÚDOS

1. SÍNTESE EXECUTIVA

Desde a antiguidade, o homem utiliza continuamente a madeira como material para a construção de ferramentas e estruturas, e para a produção de subprodutos que foram e são importantes para o desenvolvimento da sociedade (látex, fábricas de pasta de papel, medicina).

A utilização intensiva dos recursos florestais teve e continua a ter efeitos nefastos para o ambiente; há uma redução drástica das áreas verdes em todo o mundo devido à exploração de florestas e selvas sem a aplicação de programas de reflorestação; há também áreas que são impossíveis de recuperar e há espécies de fauna e flora que estão à beira da extinção e já estão extintas.

A maior parte da exploração florestal é feita para fins industriais, alguns para fins ornamentais, embora estes estejam a tornar-se cada vez mais importantes, e muito pouco se baseia na manutenção do ambiente natural.

Através da elaboração de um Inventário Sistemático Aleatório no município de Medio Baudó, na aldeia de Pie de Pepé (Quebradas Pepé Claro e Pepé Sucio), pretende-se programar um Plano de Gestão Florestal que reduza os impactos negativos gerados pela exploração indiscriminada e pelo uso irracional dos recursos naturais renováveis e não renováveis. As espécies de regeneração natural serão também quantificadas e qualificadas de modo a conhecer a sua abundância, diversidade e o tipo de coberto vegetal existente nesta floresta para a sua futura gestão, conservação ou exploração. A gestão florestal sustentável visa garantir a permanência dos espaços florestais em termos da sua extensão, composição e caraterísticas, permitindo que a gestão e a exploração florestal se realizem sem reduzir significativamente a possibilidade económica de produção permanente de bens e serviços, e conservar a estabilidade do ecossistema natural, a biodiversidade e o património florestal.

O Plano de Exploração Florestal é a descrição dos sistemas, métodos e equipamentos a utilizar na exploração da floresta e extração dos produtos, apresentado pelo interessado na realização de explorações florestais únicas. O Plano de Gestão Florestal é a formulação e descrição dos sistemas e trabalhos silvícolas a aplicar nas florestas sujeitas a corte, de forma a garantir a sua sustentabilidade.

Os Planos de Uso e Gestão Florestal permitem conhecer a estrutura da vegetação, a riqueza das espécies e o estado da floresta, ou seja, obter informação florística qualitativa e quantitativa sobre a floresta, o que facilita a tomada de decisões sobre a utilização ou a gestão sustentável das florestas tropicais naturais, de modo a utilizar de forma eficiente e racional os recursos naturais renováveis e não renováveis.

A utilização e a gestão sustentáveis das florestas implicam que todos os produtos disponíveis no ecossistema sejam bem conhecidos, de modo a planear melhor a sua utilização, a conhecer as suas potencialidades económicas de forma abrangente e a dispor de várias alternativas de utilização económica, de modo a fazer a utilização mais aconselhável com base nas particularidades biológicas e silvícolas da floresta.

O objetivo é a realização de um Plano de Colheita e Gestão Florestal numa área florestal de 100 hectares no departamento de Chocó, município de Medio Baudó, na aldeia de Pie de Pepé (Quebradas Pepe Claro e Pepe Sucio). Para além disso, realizar um inventário estatístico numa área florestal de 100 ha, com uma intensidade de amostragem de 2%, ou seja 2 ha; obter informações sobre as espécies que compõem as florestas; calcular e analisar os índices convencionais para as espécies encontradas no inventário florestal, na área de amostragem; determinar o volume total existente de madeira em pé e madeira explorável por unidade de área na área de amostragem; descrever os possíveis impactos ecológicos e sociais que podem ser causados ou produzidos pela exploração florestal na área de estudo; e realizar estudos descritivos das condições biofísicas e sócio-económicas da comunidade de Pie de Pepé (Quebrada Pepe Claro e Pepe Sucio), município de Medio Baudó.

2.LÓGICA E ESTRATÉGIAS PARA A UTILIZAÇÃO, GESTÃO E EXPLORAÇÃO SUSTENTÁVEIS DAS FLORESTAS NATURAIS NO AMBIENTE DO BAUDO

2.1BASE SOCIAL.

O município de Medio Baudó, exatamente a aldeia de Pie de Pepe, é muito acolhedor, devido à qualidade dos seus habitantes, à sua amabilidade e cordialidade. Os serviços públicos como a energia, o aqueduto, a saúde e a educação não são eficientes e têm baixas taxas de cobertura, tem um centro de saúde e o nível de educação é o ensino básico primário e secundário. Existe também uma esquadra de polícia e igrejas. A população da aldeia de Pie de Pepé é a mais organizada. A comunidade manifesta que foram criados grupos e associações de diferentes formas em torno de diferentes temas de interesse. Talvez um dos indicadores mais importantes da sua capacidade de organização seja a criação da rádio comunitária, através da qual se estabeleceram importantes laços de solidariedade entre a comunidade de Pie de Pepé e as povoações vizinhas. Outra das associações actuais em Pie de Pepé é a Associação ASPROCAPEB, bem como outras associações de artesãos e grupos folclóricos.

2.2BASE ECONÓMICA

A economia da aldeia de Pie de Pepe baseia-se na agricultura, na mineração artesanal e na exploração madeireira; a maior parte do rendimento das famílias desta aldeia provém destas actividades.

práticas. Além disso, é praticada a caça de animais na floresta, principalmente para fins de subsistência.

2.3BASE AMBIENTAL

A parte ambiental oferece a possibilidade de proteger os recursos naturais, o ambiente e a biodiversidade, que constituem a base para uma utilização razoável e a preservação do potencial biótico e abiótico da área, gerando um melhor modo de vida para os habitantes desta comunidade.

3.INFORMAÇÕES GERAIS

3.1Tempo de utilização.

3.2LOCALIZAÇÃO GEOGRÁFICA E ADMINISTRATIVA.

O município de Medio Baudó está localizado na parte central do departamento de Chocó. A sua sede municipal é Puerto Meluck, uma localidade situada na margem esquerda do rio Baudó, a 05°11'66.5" de latitude norte e 76°57'28.7" de latitude oeste do meridiano de Greenwich, a uma distância de aproximadamente 95 km de Quibdó.

O município tem uma superfície de 1.390,6 km^2 e limita-se a norte com o município de Alto Baudó, a sul com o município de Bajo Baudó, a leste com o município de Istmina e o município de Cantón de San Pablo, e a oeste com o município de Alto Baudó. O distrito de Pie de Pepé tem uma área de 8.374,74 ha, o que equivale a 6,01% da área total do município de Medio Baudó. O distrito de Pie de Pepe limita-se a norte com o município de Istmina, a sul com o distrito de Beriguadó, a oeste com o distrito de Corundó e a leste com o município de Istmina. Pie de Pepé está situado a 100 m acima do nível do mar; as suas aldeias rurais são Pie de Pepé, Boca de Berrecuí e Aguacatico.

3.3IDENTIFICAÇÃO DO REQUERENTE E DO RESPONSÁVEL TÉCNICO

3.3.1Recorrente. Luís Ernesto Mosquera "Presidente Consejo Comunitario del corregimiento de Pie de Pepé".

3.3.2Diretor técnico. Engenheiro Ascanio Arriaga Arango.

3.4DESCRIÇÃO DA UNIDADE DE GESTÃO FLORESTAL.

3.4.1 Área e limites. A aldeia de Pie de Pepé está inserida na bacia hidrográfica do rio Baudó, que faz parte do macro-ecossistema da floresta tropical do Pacífico. A maior parte do seu território é plana e florestal, com uma altitude média de 13 metros acima do nível do mar.
O rio Baudó corre de sul para norte através de um vale estreito que se alarga progressivamente. Este é o eixo natural e de transporte do distrito e do município, através do qual as populações se integram e comunicam.

3.4.2 Propriedade e direitos adquiridos. As comunidades afro-colombianas possuem terras por herança familiar tradicional. Cada aldeia possui um território como comunidade e, dentro deste, cada família tem a sua própria terra para o trabalho agrícola e pecuário. A utilização das áreas florestais é feita individual ou coletivamente com a autorização da comunidade. As comunidades afro-colombianas, enquanto grupos étnicos com uma tradição cultural, estão abrangidas pela Lei 70/93, pela qual o Estado é obrigado a titular as terras que tradicionalmente ocupam de forma colectiva. O conselho da comunidade

ACABA, com base nesta lei, apresentou um pedido ao INCORA para a titulação colectiva do território correspondente à bacia média e alta de Baudó e parte de Pie de Pepe. O território solicitado corresponde a terrenos não cultivados situados na zona delimitada como reserva florestal pela Lei 2 de 1959.

Na área abrangida pelo pedido existem algumas terras já tituladas pelo INCODER, o que significa que seriam excluídas da titulação colectiva. A candidatura abrange todo o território do médio Baudó e parte do baixo e do alto Baudó.

Durante o ano de 1999, foi formado um novo conselho comunitário que inclui parte das comunidades de Pie de Pepé, de Angostura a Berrecuí. Este Conselho Comunitário fez o seu respetivo pedido de titulação, separando-se da titulação da ACABA. Atualmente, a tramitação destes pedidos está em processo de estudo e redefinição, pois algumas comunidades não estão de acordo e o INCORA considera inconveniente uma única titulação de um território que abrange mais de um município.

Existem várias comunidades indígenas instaladas nesta zona, das quais oito (8) foram incorporadas na portaria departamental. E seis (6) estão legalmente reconhecidas como resguardo de acordo com o registo de comunidades indígenas do INCODER. As comunidades indígenas localizadas nesta área têm os títulos colectivos correspondentes que as credenciam como entidades territoriais autónomas dentro do município. São elas o Resguardo del Río Torreidó - Chimaní, o Resguardo Santa Cecilia, o Resguardo Puerto Libre, o Resguardo Trapiche, o Resguardo Purricha e o Resguardo Dabeiba - Querasito.

3.4.3 História da floresta. A floresta tem sido explorada para uso comercial e doméstico pelas comunidades, com extração selectiva de espécies de acordo com os gostos e preferências da comunidade, em função da qualidade e valor comercial da madeira. Para além disso, não é feito o respetivo pedido à entidade competente, nem existem planos de utilização e gestão que garantam o rendimento normal e sustentável da floresta.

3.5 CONTEXTO SOCIAL

O corregimiento de Pie de Pepé é constituído por um sistema de pequenas povoações; a maior parte do território está coberta por florestas e selvas. Pie de Pepé tem caraterísticas semi-urbanas, com uma população de 783 habitantes. Até 2003, o centro urbano de Boca de Pepé era a capital municipal de Medio Baudó, e após a emissão da Portaria nº 008 de 2003, a cidade de Puerto Meluck foi estabelecida como o principal centro administrativo do município.

3.5.1 Aspectos sócio-económicos e demográficos. A localização dos assentamentos no território municipal concentra-se principalmente em seis eixos que correspondem aos elementos hídricos mais importantes; um eixo central no rio Baudó, eixos axiais secundários formados pelo rio Pepé, o rio Berreberre, os rios Misará e Torreidó, o rio Baudocito e eixos terciários formados por riachos afluentes onde algumas populações estão assentadas. A estrada Puerto Meluck - Pie de Pepé constituirá um novo eixo que ganhará impulso gradualmente à medida que as condições de mobilidade melhorarem com a construção da margem e o aumento da frequência do transporte. A aldeia de Pie de Pepé tem 783 habitantes, com uma densidade populacional de 27,6 habitantes/ha. Existem 425 alojamentos concentrados e 25 alojamentos dispersos, num total de 450 alojamentos neste território.

3.5.2 Serviços públicos. A baixa cobertura e a má qualidade dos serviços públicos foram identificadas pela comunidade como os dois problemas mais importantes. factores que têm maior impacto na baixa qualidade de vida oferecida pelo corregimiento.

3.5.2.1 Telecomunicações. Nesta aldeia o serviço de comunicação é deficiente, com uma linha telefónica que funciona como recetor (COMPARTEL). Esta situação deve-se à inexistência de um contrato entre a Telecom e a comunidade, bem como a algum dinheiro que a comunidade deve a esta entidade, depois de uma má administração do serviço, que é utilizado por toda a comunidade, não supre totalmente as necessidades da população. Os serviços de televisão e rádio têm baixa cobertura e são regulares. Funciona atualmente numa cabana da comunidade.

3.5.2.2 Educação. As instalações educativas do corregimiento limitam-se a escolas; a única escola que funciona não tem instalações próprias. Em relação aos indicadores de cobertura e qualidade, determinou-se o seguinte:

O nível de cobertura do ensino pré-escolar, primário e secundário é variável, sendo o secundário o mais baixo, com apenas 6%, seguido do pré-escolar, com 45%; o primário apresenta uma cobertura de 100%. O serviço não cobre a totalidade da procura da coletividade (ver fig. 1). Os edifícios são de qualidade razoável, carecem de instalações sanitárias e de instalações desportivas adequadas. As escolas estão mal e insuficientemente equipadas.

3.5.2.3 Saúde. A aldeia conta com a infraestrutura de um posto de saúde administrado com recursos da prefeitura. O serviço de saúde tem uma cobertura muito baixa em termos de pessoal médico, pois há apenas um profissional que atende, e não há uma rede de apoio de enfermeiros ou promotores de saúde que atendam o posto de saúde.

O posto de saúde dispõe de uma infraestrutura física aceitável, mas precisa de ser reparada, pois os edifícios estão em mau estado. A qualidade do equipamento também é deficiente, pois existe pelo menos uma maca.

3.5.2.3 Abastecimento de água. A cobertura do serviço é ampla, uma vez que a maioria da população tem acesso a ele diariamente. A qualidade do abastecimento de água não é boa devido à falta de tratamento da água de abastecimento e à ausência de tanques de armazenamento.

3.6 ECONOMIA LOCAL.

Para a análise da economia local no corregimiento, as actividades económicas foram divididas em sectores primário, secundário e terciário, sem perder a inter-relação que existe entre eles como cadeias produtivas.

3.6.1 Setor primário. O sector primário é a produção económica que depende da exploração imediata dos recursos naturais. Esta categoria de produção inclui a agricultura, a pecuária e a piscicultura, a exploração mineira e a extração de madeira.

3.6.1.1 Agricultura. Embora o sector agrícola seja a base da economia do município, a sua produtividade e comercialização são incipientes, sendo a produção de pan coger predominante em todo o território. Alguns excedentes são comercializados em Istmina ou Buenaventura. De acordo com o inquérito aos produtores, verificou-se que, dos 19 inquiridos, apenas 20% dos produtos são comercializados.
De acordo com o documento da ACABA, a forma de exploração agrícola é totalmente artesanal e tradicional, utilizando basicamente "a técnica da socola, tumba e pudre, que tem particularidades próprias para cada produto, mas em geral consiste na abertura de uma parcela de floresta primária ou em repouso há três a cinco anos; para isso, primeiro cortam-se os arbustos, palmeiras e árvores pequenas com uma rula para proceder à rega da semente, e depois abatem-se as árvores maiores com um machado para que a sua decomposição possa ser utilizada como fertilizante". A extensão que cada produtor cultiva varia entre três e cinco hectares; estima-se que cada família precisa de pelo menos seis hectares para sobreviver, dois dos quais são dedicados à banana. Para facilitar a rotação e de acordo com a disponibilidade de mão de obra, costumam ter várias parcelas em diferentes troços do rio e de diferentes

qualidades, de modo a terem culturas de banana e pelo menos uma colheita anual de milho e arroz. Cada parcela é utilizada para um máximo de duas colheitas e depois deixada a repousar.

a) Localização

A produção agrícola está presente em todo o território, pois é a base económica de todos os seus habitantes. Pie de Pepé é um dos municípios do Medio Baudó com maior extensão de terras cultivadas.
As principais culturas cultivadas nesta zona são: banana, plátanos, milho, arroz, cana-de-açúcar, chontaduro e mandioca. (Ver fig. 4). O plátano e o milho são os produtos que ocupam a maior parte do território. É importante salientar que, dada a forma de exploração, tecnicamente classificada como agroflorestal e culturas artesanais transitórias, não afectam muito o ecossistema florestal.

3.6.1.2Produção pecuária. A produção pecuária no corregimiento é incipiente e destina-se maioritariamente ao autoconsumo.

A criação dos porcos é feita sem qualquer técnica, porque assim que a porca dá à luz as crias, estas são criadas ao lado da porca sem qualquer cuidado. O proprietário preocupa-se apenas em alimentar a fêmea; quando as crias são capazes de se defender, são levadas para os campos de milho para crescerem na entressafra. Outras espécies animais criadas são as galinhas e os patos, mas em pequenas quantidades e apenas para consumo familiar. Na Pie de Pepé, está a decorrer a criação experimental de algumas espécies de peixes.

3.6.1.3 Mineração. Não é uma atividade significativa nesta comunidade porque, embora se saiba da existência de metais preciosos no rio Pepé, não se conhecem valores de produção. É feita de forma artesanal, utilizando a técnica do mazamorreo.

3.6.1.4 A pesca. Não é uma atividade economicamente rentável para a população, porque as poucas espécies que aí se encontram estão em vias de extinção. A pouca atividade piscatória é feita para consumo familiar. A maior parte do peixe consumido é de origem marinha e provém das costas de Pizarro.

3.6.15 Exploração florestal. Uma das actividades económicas mais importantes de Pie de Pepé é a exploração indiscriminada de madeira, pelo que é difícil de quantificar, mas é importante destacar que é o produto mais comercializado com Buenaventura e o departamento de Risaralda.

As espécies mais abatidas ou colhidas são o Cedro, o Carvalho, a Ceiba, o Abarco, o Peine mono, o Sande, a Chibuga, o Guino e o Pantano.

3.6.2 Setor secundário. O sector secundário é entendido como todas as actividades económicas que envolvem a transformação de matérias-primas para a geração de insumos industriais ou produtos finais para o consumo. Neste sector da economia, em Pie de Pepé, encontram-se as indústrias transformadoras e a transformação de alimentos para consumo.

3.6.2.1 Pequena indústria (manufatura). Existe uma pequena indústria transformadora nesta cidade. Na foz do Pepé, existe uma pequena indústria de colchões que está a dar os primeiros passos sem que haja suficiente marketing e volume de vendas. Existe também uma padaria que tem tido uma procura suficiente para poder crescer.

Existe também uma serração que produz uma boa quantidade de madeira por ano, quando as condições climatéricas o permitem. Está situada no barranco, Boca de Pepé.

3.6.3 Setor terciário.

3.6.3.1 Comércio. Tendo em conta que se trata de uma aldeia particularmente agrícola e que os seus produtos, como já foi referido, se destinam maioritariamente ao consumo interno, sendo os excedentes de produção vendidos a intermediários que comercializam nos concelhos de Istmina e Bajo Baudó, é de prever que também neste conceito os rendimentos sejam baixos. O pequeno comércio que existe é constituído por pequenas lojas de produtos alimentares e de mercearia.

O consumo de produtos manufacturados e alimentos transformados é adquirido em Buenaventura, Istmina e Quibdó, de acordo com o inquérito aos produtores.

3.8 CASA.

Na maior parte das florestas desta comunidade, pratica-se a extração ou caça de animais selvagens e a pesca comunitária, geralmente em zonas montanhosas e acidentadas onde persiste uma grande variedade de fauna selvagem, que serve de base à alimentação da população.

3.9 AGRICULTURA. A agricultura tradicional é praticada nesta área, representada em sistemas agroflorestais e sistemas diversos de cultivos e culturas de transição, combinados com o uso extrativista de plantas medicinais e o aproveitamento da vegetação natural. As culturas predominantes são a banana, o milho, o arroz, a mandioca, o barajó e as árvores frutíferas, entre outras. O uso da agricultura tem diferentes modalidades no corregimiento:

3.9.1 Sistemas Agroflorestais. Quando simultaneamente numa parcela ou lote de terra se planta uma cultura qualificada como agrícola, seja ela temporária, semi-permanente ou permanente, e se intercalam árvores para a produção de madeira, lenha, frutos, resinas ou produtos secundários em longos períodos de produção. Pode também ser combinado com pastagens para o gado (silvopastoril) ou uma combinação dos três (agroflorestal). Nesta zona este sistema é utilizado com culturas permanentes ou semi-permanentes de ciclo semestral ou anual como a banana, o borojó e o chontaduro. Para além de espécies florestais como o cedro.

3.9.2 Agricultura diversa. Este tipo de atividade é exercido principalmente com culturas permanentes e/ou transitórias misturadas de diferentes espécies, geralmente de panificação. A dimensão das parcelas varia de pequena a média (0,5 a 20 hectares). Especialmente banana, mandioca e árvores de fruto.

3.9.3 Agricultura de transição. Esta atividade consiste na abertura ou abate de áreas de floresta onde são semeadas uma grande variedade de culturas temporárias em pequenas áreas de floresta relíquia em pousio, cercados em associação com pequenas parcelas de culturas de milho e arroz.

3.9.4 Pecuária. A criação de gado é um uso que está a ser introduzido neste corregimento e que se realiza em pequena escala. É importante ter em conta que, embora este uso ainda não seja significativo, tende a crescer e, em alguns casos, está a ser realizado em áreas inadequadas.

3.9.5 Exploração mineira. Esta não é uma atividade muito comum no município. Existem áreas restritas na bacia do rio Pepé, onde se realiza mineração artesanal com baixo impacto sobre as fontes de água e o hidrofano associado, embora a prática mais frequente seja o mazamorreo.

3.10 EXTRACÇÃO FLORESTAL.

A atividade florestal é atualmente pouco difundida, mas representa um uso importante na zona, uma vez que grande parte da área total é dedicada a esta atividade. Esta extração consiste no desbaste seletivo de espécies de valor comercial, o que resulta num equilíbrio entre a diversidade de espécies e a densidade da floresta explorada; esta prática é realizada nas zonas altas dos rios, com destaque para a bacia do rio Pepé.

3.11 PRODUTOS NÃO LENHOSOS.

Os habitantes desta comunidade não atribuem grande importância aos produtos florestais não lenhosos, ou seja, a todos os produtos que não a madeira extraídos da floresta, devido à falta de conhecimentos sobre a sua utilização, mas em alguns casos são extraídas plantas medicinais e aromáticas para fins comerciais.

3.12 SERVIÇOS AMBIENTAIS.

Estes serviços são essenciais para o bom desenvolvimento da comunidade, tais como os recursos naturais renováveis como a fauna, a flora, os recursos microbiológicos, o solo e os recursos não renováveis que são de importância vital para a subsistência desta comunidade.

3.13 SERVIÇOS CULTURAIS.

Estas festas são importantes para a comunidade porque os meios de subsistência, os costumes e as crenças são herdados de geração em geração, preservando os traços tradicionais e ancestrais. As festas da Virgen del Carmen realizam-se a 16 de julho.

3.14GEOMORFOLOGIA, TOPOGRAFIA E SOLOS.

Os solos florestais da floresta tropical (bh-T) caracterizam-se pelo facto de se terem desenvolvido sob a influência de um dossel florestal, com um efeito acentuado de um sistema radicular pouco profundo, da associação de organismos e da presença de um dossel florestal. vegetação específica e da camada de solo e folhada, ou folhada juntamente com a lavagem de nutrientes. Existe uma estreita inter-relação das propriedades químicas, físicas e biológicas em associação com as condições climáticas de alta temperatura e alta pluviosidade nos factores de formação do solo. De acordo com o Sistema de Classificação da Capacidade de Uso, os solos de Pie de Pepé são classificados em oito classes, designadas por algarismos romanos, que representam grupos de solos que apresentam o mesmo grau relativo de riscos ou limitações de uso, que se ampliam progressivamente da classe I à VIII.

Os solos das quatro primeiras classes são aptos para a produção de culturas em condições de gestão adequadas. Os solos das classes V, VI e VII são adequados para a utilização de plantas autóctones adaptáveis; as classes V e VI podem produzir culturas especializadas e plantas ornamentais. Os solos da classe VIII não são adequados para a atividade agrícola.

As subclasses são grupos de unidades de capacidade dentro das classes, que têm o mesmo grau de condicionalismos dominantes para a utilização agrícola. Ao nível da subclasse, são reconhecidos os seguintes elementos

Quatro condicionalismos: erosão (e); humidade, drenagem e inundação

(h); condicionalismos da zona radicular (s); e condicionalismos climáticos (c).
Os solos do corregimiento de Pie de Pepé têm usos potenciais que incluem diversos tipos de agricultura, silvicultura e conservação da fauna e da flora, tais como terras aptas para a agricultura, terras aptas para culturas permanentes melhoradas, terras aptas para a silvicultura e terras aptas para a vida selvagem.

3.15 HIDROGRAFIA E HIDROLOGIA

A elevada precipitação determina um padrão de drenagem denso, constituído por numerosos cursos de água (rios e ribeiros) e albufeiras (pântanos). Os ciclos hidrográficos dos cursos de água são regulados pela precipitação. Os vários cursos de água são de grande importância na região, uma vez que não existem outros meios de comunicação. O sistema hídrico do município é constituído por um sistema de rios e riachos que são afluentes do rio Baudó. A bacia do Baudó é o terceiro sistema hídrico mais importante do Chocó, depois do Atrato e do San Juan, e é comparável a este último em termos de velocidade de fluxo, mas de menor importância em termos de localização geográfica.
O rio Pepé é o afluente mais importante do rio Baudó, navegável em grande parte do seu curso, especialmente durante o inverno. Nasce a noroeste de Bocas de Pepé e tem um comprimento aproximado de 24 km. Os afluentes mais importantes são: Quebrada la brea, Beriguadó e Sandó.

3.16 CLIMA

O distrito tem a seguinte Unidade Climática:

Quente Húmido e Perhúmido (Cp), cobrindo 100 % do território.

O clima da região é determinado por:

- Ventos offshore que circulam do oceano para o continente.
- Conformação orográfica da zona: A serra ocidental e os seus contrafortes impedem a passagem dos ventos de norte, contribuindo assim para a elevada precipitação registada nesta zona; por outro lado, a sua localização na zona intertropical das calmas equatoriais, com baixa pressão atmosférica, elevada nebulosidade e temperatura constante, permite a formação de diferentes microclimas.
- É importante salientar a influência que a Corrente de Humboldt tem no clima da região, modificando a temperatura dos ventos alísios de sudeste à medida que estes passam pela corrente.

Com a ajuda da informação obtida do IDEAM, será possível uma análise mais concreta do comportamento climático do corregimento, através de dados tratados com métodos estatísticos precisos, que serão relacionados com a informação cartográfica e cartografada dos diferentes parâmetros a analisar.

Por outro lado, foram avaliadas estações representativas da área municipal, das quais foram selecionadas seis estações. As estações forneceram registos de precipitação, enquanto a estação sinóptica registou informações sobre temperatura, humidade relativa, insolação e nebulosidade.

3.16.1 Precipitação. Pie de Pepé está sujeita a um regime pluviométrico bimodal, produto e valores de precipitação permanente.

elevada devido à confluência regional de massas de ar húmido das origens indicadas. Com uma pluviosidade anual entre 4.000 e 10.000 mm, as chuvas fortes ocorrem quase diariamente durante a maior parte do ano. As condições climáticas da região são temperaturas elevadas, ar húmido e chuvas abundantes, com uma média de 7.500 mm.

Este clima gera condições de insalubridade devido à humidade e à lama, o que cria um local de reprodução de mosquitos. Tem períodos secos durante os meses de dezembro, janeiro, fevereiro e março; inverno em abril, maio, junho, setembro a novembro; em julho e agosto há um período de transição.

3.16.2 Temperatura. A temperatura do ar é uma variável de pequena variação sazonal, as mudanças de mês para mês no mesmo local são fundamentalmente devidas a estados diferenciais de nebulosidade atmosférica e, portanto, a variações na radiação incidente na superfície terrestre, as temperaturas oscilam em média entre 26 e 28°C. (Ver fig.6).

3.16.3 Humidade Relativa. A humidade relativa média das estações com esta informação é de 90% em média, tanto no período chuvoso como no seco. No entanto, é importante referir que na direção oeste é bastante elevada, com valores superiores a 90% (ver fig. 7). Em geral, os valores são mais elevados durante o período seco, com alguns aumentos a ocorrerem também durante o período húmido.

3.16.4 Sol. O número de horas de sol na área é largamente influenciado pela precipitação nos diferentes meses do ano. Na estação com registo heliográfico, o período seco apresenta a insolação mais elevada, enquanto o período húmido regista os valores mais baixos. Os valores de insolação variam entre 65 e 110 horas por mês, sendo novembro o mês mais baixo e fevereiro o mais alto.

3.16.5 Velocidade do vento. A velocidade do vento é relativamente baixa com uma média diária de 1,0 a 1,5 metros por segundo (-m/s-), com uma distribuição bimodal com a Zona de Confluência Intertropical; os máximos relativos ocorrem nos meses de abril, maio e novembro. A variação diurna da velocidade do vento coincide, em termos gerais, com o que normalmente ocorre na região tropical. As velocidades do vento são mais elevadas nas horas do meio-dia, intermédias no início da tarde e mais baixas no início da manhã.

3.16.6 Evaporação. A evaporação é definida como a perda de água de um solo completamente coberto por uma cultura pouco verde, através da evaporação do solo e da transpiração das plantas sem limitação de água. A análise da evapotranspiração sintetiza o clima, pois integra vários elementos atmosféricos e serve de base para a investigação aplicada. como as necessidades de água para irrigação (balanços hídricos e cálculo de índices), que servem para estabelecer comparações e classificações concretas de um clima (Holdridge, 1978).

A evaporação mensal no distrito de Pie de Pepe apresenta o seguinte comportamento: Em geral, os valores não variam muito durante o ano. No entanto, em todas as estações representativas, os valores mais elevados são obtidos entre os meses de março e junho, com registos que oscilam entre 125 e 140 milímetros por mês. A partir de julho, os valores diminuem muito pouco em relação aos do primeiro período, com registos que oscilam entre 120 e 135 milímetros.

3.16.7 Balanço hídrico. Com base na precipitação e evaporação, o consumo de água das culturas pode ser estimado no chamado Balanço Hídrico e a disponibilidade de água de uma determinada área ou local pode ser determinada. Além disso, podem ser estabelecidos períodos de carências e excessos de água ao longo do ano. Os balanços hídricos foram calculados com base na média mensal e nos dados de precipitação mensal. A partir desta comparação, definem-se os excessos ou défices de precipitação, que estão relacionados com a reserva útil do solo. Para a análise do balanço hídrico, é conveniente que o primeiro mês de toda a série seja no final da estação seca (verão), altura em que se sabe que as reservas hídricas do solo estão esgotadas. Quando a quantidade de água fornecida pela precipitação excede a capacidade de armazenamento do solo, geram-se excessos. Os excessos de níveis de água estão a diminuir, com intervalos entre 300 e 900 milímetros, mas continuam a ser elevados. Os défices ocorrem quando a precipitação não consegue repor a quantidade útil de água, neste caso, teoricamente, 100 mm.

4.PLANEAMENTO DE UNIDADES DE GESTÃO FLORESTAL

4.1ZONAMENTO.

Com base no trabalho de campo do inventário florestal estatístico, foi estabelecido que 90% dos 100 hectares da área de estudo são adequados para a produção de madeira, de acordo com as necessidades da população e as necessidades de comercialização do proprietário da propriedade e do Conselho Comunitário.

4.1.1Planeamento de unidades curtas

4.1.1.1 Unidades de corte anual. Prevê-se que os 90 ha de floresta produtiva sejam colhidos ao longo de quatro anos, o que representa uma área de corte anual de 22,5 ha durante o período de implementação do Plano de Colheita e Gestão. O plano terá em conta a experiência, os usos, as preferências e os costumes locais para iniciar a exploração florestal.

Assegurar que a regeneração natural continue a fornecer um número suficiente de indivíduos para todas as espécies, variando o número entre rebrota e regeneração. rebentos, tal como estabelecido nas condições naturais actuais. Se todos os povoamentos encontrados atingirem a fase de povoamentos maduros, tendo em conta a sua quantidade, justifica-se um tipo de gestão que garanta a presença das melhores e mais desejáveis espécies, e se, por outro lado, dada a influência de factores adversos, não houver regeneração suficiente para assegurar o número de povoamentos que garantam uma produção persistente, será necessário avançar com programas de enriquecimento da floresta para assegurar o número de povoamentos que garantam uma produção persistente, Se, pelo contrário, dada a influência de factores adversos, não houver regeneração suficiente para assegurar o número de povoamentos que garanta a persistência da produção, será necessário levar a cabo programas de enriquecimento nas áreas com floresta ou proceder à reflorestação nas áreas onde a floresta desapareceu ou foi empobrecida devido a uma utilização inadequada, exagerada e intensiva.

4.1.1.2 Rotas de extração. As rotas de extração da madeira serão aquáticas e terrestres para o transporte menor e maior, respetivamente.

4.1.1.3 Local de armazenamento e acampamento. A extração aquática para transporte menor consiste em deslocar os toros com mulas do local de abate para as margens do rio ou ribeiro; neste caso, a madeira será armazenada em locais de armazenamento. O transporte principal é efectuado depois de os toros, blocos ou peças terem sido agrupados e preparados no local de armazenamento, utilizando camiões.

5CARACTERIZAÇÃO ECOLÓGICA

5.1CARACTERIZAÇÃO FLORÍSTICA

5.1.1Tipos de floresta. Segundo o mapa ecológico da Colômbia, elaborado de acordo com o projeto de zonagem ecológica do IGAC do Pacífico, podem distinguir-se as seguintes coberturas vegetais no corregimiento:

5.1.1.1Florestas de baixa altitude e de sopé (Bc). Corresponde às florestas zonais, com caraterísticas devidas às condições predominantes; desenvolvem-se numa faixa altitudinal desde o nível do mar até cerca de 800 m acima do nível do mar e com um limite máximo de 1000 m. Não são marcadas de forma evidente por factores limitantes na sua formação (solos alagados, solos de aluvião). Não são marcadas de forma evidente por factores limitantes na sua formação (solos alagados, solos aluviais).

Ocupam posições topográficas correspondentes a leques colúvio-aluviais, colinas, sopés de montanha. As espécies mais representativas segundo o IVI (Índice de Valor de Importância) (IGAC, 1984) são: Sande (Brosimum Utíle), Cuangare (Virola Reide), Caimito (Pouteria sp.), Nuanamo (Virola sp.), Carbonero (Hirteja racemosa), Anime (Protium sp.), Chanú (Sacoglotis procera), Guasco (Eschweilera sp.). Mora (Clarisia racemosa), Soroga (Vochysia ferruginea), Guamo ou Guabo (Inga sp.), Carrá (Huberodendron patínoe), Abarco (Cariniana pyriformes), Zanca de Araña (Chrysochlamis sp.), Peine Mono (Apeaba áspera), Jigua (Ocotea sp.).

5.1.1.2 Florestas Aluviais (Bb). Esta denominação inclui toda uma variedade de associações cuja principal diferença é dada pelas condições edáficas que estão relacionadas com os níveis de inundação provocados pelo excesso de escoamento superficial, que permanece durante períodos de tempo que vão de horas a semanas e até seis meses ou quase todo o ano com um lençol de água sobre o solo. É assim que se verifica o predomínio de um pequeno número de espécies adaptadas a estes condicionalismos. As pessoas dão-lhes nomes de acordo com as espécies presentes, como é o caso dos "panganales", que correspondem ao que a UNESCO (1973) classifica como florestas pantanosas e cuja espécie dominante é a palmeira Raphia taedigera. Algumas outras como Güino (Carapa guianensis), Nuanamo (Virola sp), Roble (Tabebuia rosea). Os "cuangariales" classificados como florestas turfosas de baixa altitude (Unesco), com Cuángare (Virola sp, Otoba gracilipes), Sajo (Campnosperma panamensis), "sajales" com predomínio de Sajo e Camarón (Alchornea sp). Ainda dentro desta categoria aluvial, desenvolvem-se excelentes florestas heterogéneas em condições de melhor drenagem, em terraços e leques.

5.1 INVENTÁRIO FLORESTAL

O inventário florestal estatístico realizado no município de Medio Baudó, na localidade de Pie de Pepé, teve como objetivo a elaboração de um plano de exploração e gestão de acordo com os requisitos do estatuto florestal nacional e do estatuto florestal da CODECHOCÓ, ou seja, de acordo com o decreto 1791 de 1996 e a resolução 987 de 1998 da corporação. Existe uma grande área de floresta comunitária dentro da aldeia que pode ser utilizada para a extração de produtos florestais pelos agricultores da comunidade. Dentro da área de floresta comunitária do Conselho Comunitário PIE DE PEPE, foi definida a unidade de avaliação ou de gestão, que consiste num bloco compacto de floresta comunitária de 100 ha (1.000 x 1.000m), ou seja, o plano de gestão florestal foi formulado dentro desta área, para permitir à comunidade estudar a utilização da floresta de acordo com os regulamentos.

5.1.1 Caraterísticas da amostragem florestal. Para a realização do inventário, tomou-se como eixo de referência uma linha de base de 1.000 m de comprimento, traçada no sentido leste-oeste, que divide a floresta comunitária ou unidade de avaliação em duas metades iguais de 500 m x 500 m, que foram denominadas sub-bloco 1 (B1) e sub-bloco 2 (B2). Sub-bloco 2 (B2). Nesta linha de base, quatro linhas de inventário ou unidades de amostragem de 500m de comprimento e 10m de largura foram traçadas alternadamente no sentido norte-sul, determinando claramente as unidades de amostragem.

Cada linha ou faixa de 500m x 10m, é dividida em 10 sub-parcelas de 50m x 10m, constituindo assim as unidades de registo, que nas 4 linhas dão um total de 40 parcelas ou Unidades de Registo e dentro de cada uma destas unidades de registo foram medidas todas as árvores das diferentes espécies que se encontravam dentro da área com um D.A.P. maior ou igual a 10cm.

Posteriormente, para cumprir a regulamentação em vigor, dentro de cada unidade de amostragem, foi registado o número de plantas jovens (ct1), de plantas de rebentos (ct2) e de ervas (ct3), para todas as espécies. Na área florestal de 100 hectares ou unidade de avaliação descrita nos termos acima, foi efectuado um inventário florestal em 2 hectares de floresta correspondentes a 2% do total da unidade de avaliação, sendo esta a intensidade de amostragem.

5.1.2 Registo e cálculo da informação. Os registos no inventário foram efectuados com as seguintes informações: número de parcelas, linha ou unidade de amostragem; número da subparcela ou unidade de registo, nome regional de cada uma das árvores; diâmetro à altura do peito (D.A.P) das árvores existentes, altura comercial e total em metros de cada uma das árvores; registo da regeneração natural de todas as espécies presentes nas unidades de amostragem tendo em conta as seguintes categorias (Renuevos ou plântulas, quando apresentam alturas inferiores a 30cm; Brinzal, quando apresentam alturas entre 31 e 150cm; Latízales quando apresentam alturas superiores a 150cm e diâmetros inferiores a 9,9cm).

5.2. Método de cálculo. Para a análise da informação estatística e o cálculo dos volumes comerciais encontrados na área de trabalho, foram utilizadas as fórmulas correspondentes para a elaboração de cada um deles.

$AB = 0{,}7854 \times DAP^2$

$Vol. = AB \times hc \times Ff$

As fórmulas seguintes foram também utilizadas com o Microsoft Excel:

Da mesma forma, foi utilizada a tabela de volume para árvores em pé, volume com casca da Teresita.

Onde:

AB	=	Área basal (m).2
DAP	=	Diâmetro à altura do peito com casca (medido a 1,30 m ao nível do solo).
Vol.	=	Volume (m)3
ele	=	Altura comercial em (m)
Fé	=	Fator de forma (0,7)

❖ **Densidade:** O número de árvores registado por unidade de área ou área total de amostragem.

$$❖ D = \frac{\text{Número de árboles}}{\text{Área total de la muestra en ha}}$$

❖ **Abundância:** O número de árvores por espécie registado em cada unidade de amostragem. Pode ser absoluta e relativa, a abundância absoluta refere-se ao número total de indivíduos por espécie contados no inventário, onde:

❖ **Aa** = Número de indivíduos por espécie.

❖ **Abundância relativa:** O rácio percentual da participação de cada espécie em relação ao número total de árvores.

$$Ar = \frac{\text{Número de individuos por especies x 100}}{\text{Número de individuos en el área muestreada}}$$

❖ **Frequência:** É a presença ou ausência de uma espécie em cada uma das unidades de amostragem e pode ser absoluta ou relativa:

◆ **Frequência absoluta:** A relação percentual entre o número de unidades de amostragem em que uma espécie ocorre e o número total de unidades de amostragem e a sua fórmula é a seguinte

$$Fa = \frac{\text{Número de unidades de muestreo en que ocurre una especie x 100}}{\text{Número total de unidades de muestreo}}$$

◆ **Frequência relativa**: A relação percentual entre a frequência absoluta de uma espécie e a soma total das frequências absolutas de todas as espécies, a fórmula é a seguinte

Frequência absoluta de uma espécie x 100

$$Fr = \frac{\textit{Frecuencia absoluta de una especie} \times 100}{\textit{Suma total de frecuencia absolutas}}$$

❖ **Dominância**: É o grau de cobertura da espécie como expressão do espaço ocupado pela espécie, podendo também ser absoluto ou relativo.

◆ **Dominância absoluta**: Definida como a soma das áreas basais das mesmas espécies presentes em cada unidade de amostragem, expressa em m^2.

◆ **Dominância relativa:** É expressa em percentagem e é dada pela razão entre a área basal de uma espécie e a soma total das dominâncias absolutas de todas as espécies registadas no inventário, a equação utilizada é

$$Dr = \frac{\textit{Área basal de cada especie} \times 100}{\textit{Área basal total en el área muestreada}}$$

❖ **Índice de Valor de Importância "IVI":** É dado pela soma dos parâmetros expressos em percentagem de abundância, frequência e dominância relativa e é utilizado para estudos descritivos e quantitativos de estruturas de tipos florestais. **IVI = Ar% + Fr% + Dr%.**

❖ **Coeficiente de mistura:** É expresso como a proporção entre o número de espécies encontradas pelo número total de árvores inventariadas, o resultado dá uma fração que representa o número médio de indivíduos de cada espécie dentro do tipo de floresta, para o calcular é utilizada a seguinte relação.

$$Cm = \frac{Número\ de\ especies}{Número\ total\ de\ individuos}$$

Diversidade do General **Shannon Wienner** (H').

$$H' = -\sum (n_i / N) x \frac{\log_{10}\left(\frac{n_i}{N}\right)}{\log_{10}(2)}$$

Onde:

H`: Diversidade.

n_i: Número de indivíduos da espécie i. N: Número total de indivíduos, ∑

n_i.

pi :

ni Rácio entre o número de indivíduos da espécie i e o número de

indivíduos da espécie $pi : \frac{n_i}{N}$ total

Log_{10}: Logaritmo com base em 10. Coeficiente Qualitativo de Sorensen

(C).s

$$C_s = \frac{2x\sum C}{\sum a + \sum b} x100$$

Onde:

C_s : Coeficiente de semelhança de Sorensen.

a: Número de espécies na comunidade ou na amostra 1.

b: Número de espécies na comunidade ou na amostra 2.

C: Número de espécies comuns ou que ocorrem em ambas as comunidades.

Índice de morisite (**M** **)**:i

$$I_m = \frac{2\sum(X_i x Y_i)}{(\lambda_1 * \lambda_2)(N_1 x N_2)}$$

$$\lambda_1 = \frac{\sum[X_i(X_i - 1)]}{N_1(N_1 - 1)}$$

$$\lambda_2 = \frac{\sum[Y_i(Y_i - 1)]}{N_2(N_2 - 1)}$$

$N_1 = \sum X_i$ $N_2 = \sum Y_i$ Onde:

I_m = Índice de morisite.

X_i : Número de indivíduos da espécie i na comunidade ou amostra 1.

Y_i . Número de indivíduos da espécie i na comunidade ou amostra 2.

N_1 : Número total de indivíduos de todas as espécies na comunidade ou amostra 1.

N_2 : Número total de indivíduos de todas as espécies na comunidade ou amostra 2.

Índice de Simpson (**Is**):

$$D = \frac{[n_i(n_i - 1)]}{N(N - 1)}$$

$$I_s = \frac{1}{D} \qquad (0 < D < 1)$$

Onde:

I_s : Índice de Simpson.

D: Diversidade de espécies.

n_i : Número de indivíduos da espécie i. N: $\sum n_i$ = Abundância total da espécie.

❖ **Volume**: Os resultados do inventário florestal, realizado na área a gerir, deram uma elevada fiabilidade aos volumes das espécies florestais de interesse.

A tabela de volumes da teresita foi também utilizada para a cubagem das árvores.

5.3RIQUEZA E DIVERSIDADE FLORÍSTICA.

5.3.1 Abundância das espécies. As espécies mais abundantes encontradas na área de amostragem foram: a Ervilhaca (Brosimum utile) com um total de 80 indivíduos, com uma abundância relativa de 6,993%, equivalente a 22% do total de indivíduos encontrados. Palma memé (Wettinia quinaria) com 31 indivíduos e uma abundância relativa de 4,545%, representando 14% do total de indivíduos, Hormigo (Miconia sp) com 35 árvores, com uma abundância relativa de 3.059%, correspondendo a 10% dos indivíduos da área amostrada, Carrá (Humberodendron patinoi) com 35 árvores, uma abundância relativa de 3,059%, equivalente a 9% de todos os indivíduos contabilizados, Caimito de monte e Caidita (Nectandra sp) com 31 indivíduos, uma abundância relativa de 2.710% e 1.836% respetivamente, equivalendo a 8% cada, Anime (Protium veneralense) com 30 árvores, uma abundância relativa de 2.622%, representando 8% de todas as árvores inventariadas. Palmeira barriguda (Triartea delfoidea) com 25 indivíduos, uma abundância relativa de 2,185%, equivalente a 7% do número total de indivíduos. Sangre gallina (Vismia panamensis) e Algodoncillo (Croton killipianus) com 24 indivíduos, uma abundância relativa de 2,098% para ambas as espécies, equivalente a 7% do total de árvores inventariadas.

5.3.2 Frequência. As espécies mais frequentes em cada uma das unidades de amostragem foram Aceite maria (Calophyllum mariae), Algodoncillo (Croton killipianus), Anime (Protium veneralense), Aserrín (Parkia oppositifolia), Boteco (Matisia sp.), Caidita (Nectandra sp), Caimito de monte, Canelo (Licaria limbosa), Cargadero (Cymbopetalum sp), Carbonero (Licania durifolia), Carrá, (Humberodendron patinoi), Cascajero (Macrocnemum sp), Castaño (Compsoneura atopa), Cedro macho (Tapirira miriantus), Chocó, (ChoíbaDipteris panamensis), Otobo (Osteohhloem platyspermum), Palma meme (Wettinia quinaria), Palma zancona (Socrotea exorrhiza) e Palma taparo (Orbingya cuatrecasana).

5.3.3 Dominância. As espécies mais dominantes na área amostrada são o Lechero (Brosimum utile) com 8.638m^2 ; Carrá (Humberodendron patinoi) com 3.276m^2 ; Boteco (Matisia sp.) com 2.612m^2 ; Caimito de monte com 1.708m^2 ; Cedro macho (Tapirira miriantus) com 1.509m^2 ; Hormigo (Miconia sp) com 1.494m^2 ; Anime (Protium veneralense) com 1.475m^2 ; Saithe (Licania durifolia) com 1.272m^2 ; Cottonwood (Croton killipianus) com 1.228m^2 e Caidita (Nectandra sp) com 1.221m .^{2}

5.3.4 Índice de Valor de Importância. As espécies com maior IVI são: Lechero (Brosimum utile) com 22,87% correspondendo a 29%. Carra (Humberodendron patinoi) com 9,85% correspondendo a 12%. Boteco (Matisia sp.) com 8,37% correspondendo a 10%. Palma memé (Wettinia quinaria), com 7,81%, equivalente a 9%. Caimito de monte com 6,84% ou 8%. Formiga (Miconia sp) com 6,83% correspondendo a 8%. Anime (Protium veneralence), com 6,36% representando 7%. Cedro macho

(Tapirira miriantus) com 5,54%, equivalente a 6%. Capim algodão (Algodoncillo) com 5,41%, equivalente a 6%. E Caidita com 5,14% representando 5%.

5.3.5 Caracterização da Regeneração Natural. A utilização, conservação e gestão da regeneração natural permite a sustentabilidade de uma floresta, pelo que é necessário aplicar técnicas silvícolas e planos de exploração e gestão na utilização das nossas florestas. As espécies de regeneração natural mais bem representadas foram o Cottonwood com 11 indivíduos, o Incibe com 9 árvores, o Anime com 8 indivíduos, a Palma memé e o Otobo com 7 árvores respetivamente, o Lechero com 6 árvores e o Aceite maría com 5 árvores.

5.3.6 Volume e estrutura diametral.

5.3.6.1 Volume. Para a categoria de diâmetro **I**, foram registadas 419 árvores com um volume de 39.125 m^3 . Na categoria **de diâmetro II**, foram encontrados 411 indivíduos com um volume de 143.303 m^3 . Na categoria **III**, foram registados
183 árvores com um volume de 170,426 m^3 . Para a categoria **IV**, foram registados 82 indivíduos com um volume de 162,209 m^3 . Na categoria **V**, foram encontrados 23 indivíduos com um volume de 83,324 m^3 . Na categoria **VI**, foram registadas 22 árvores com um volume de 114,673 m^3 . Na categoria VII, foram registadas 2 árvores com um volume de 12,273 m^3 , na categoria **VIII** foi registada 1 árvore com um volume de 6,329 m^3 e na categoria **X** foi registada 1 árvore com um volume de

11,307 m^3 .

5.3.6.2 Área basal. Foi registada uma área basal de 5,694 m^2 para a categoria **I;** a categoria **II** tem uma área basal de 15,946 m^2 ; a categoria **III** registou 15,011 m^2 ; a categoria **IV** registou 11,237 m^2 ; a categoria **V** registou uma área basal de 4,804 m^2 ; na categoria **VI** foi registada uma área basal de 6,663 m^2 ; para a categoria **VII** foi registada uma área basal de 0,827 m^2 ; para a categoria **VIII** foi registada uma área basal de 0,503 e para a categoria **X** foi registada uma área basal de 0,785 m^2 .

5.3.6.3 Número de árvores por linha e área amostrada. Foram contabilizados 1.144 indivíduos na área amostrada, onde a espécie mais representativa foi o Lechero (Brosimum utile) com 80 indivíduos, seguido da Palma memé (Gustavia sp) com 52 indivíduos, Carra (Humberodendro patinoi) com 35 indivíduos, Hormigo (Lunania paruiflora spr.et Benth) com 35 indivíduos, Boteco (Matisia sp) com 31 indivíduos, Caimito de monte (N.N) com 31 indivíduos, Anime (Protium nervosum cuatr)) com 30 indivíduos e Palma barrigona (Cyanthea spp) com 25 indivíduos. Em termos de número de árvores por linha e unidade de amostragem, as que registaram maior número de indivíduos foram: linha um com 292 árvores, linha um com 288 árvores, linha três com 284 árvores e linha quatro com 200 indivíduos.

5.3.6.4 Caracterização das espécies ou estratificação segundo Ogawa. A estratificação de Ogawa mostra um enxame de pontos isolados, indicando falhas no dossel a níveis intermédios, o que sugere uma série de estratos diferenciais no perfil da floresta.

5.3.6.5Índice de Shannon Weiver (H`). Este índice foi calculado para medir a heterogeneidade ou diversidade na área, e para este caso foi obtido um valor de 7,353, indicando que há pouca perturbação e alta diversidade de espécies na floresta de Pie de pepe.

5.3.6.6 Índice de Shannon Weiver por família (H`). O índice de Shannon Wiener por família registou um valor de 0,149, indicando que a floresta de Pie de Pepe tem pouca perturbação do ecossistema e uma elevada diversidade de famílias.

5.3.6.7Índice de Simpson. A amostragem efectuada neste estudo e o seu cálculo correspondente indicam que a probabilidade de tomar dois indivíduos ao acaso da mesma espécie é mínima (0,000041).

5.3.6.8Índice de Marisita (Mi). Nas parcelas 1 e 2 utilizadas para calcular este índice, foram registados 576 indivíduos, distribuídos da seguinte forma: parcela 1 289 indivíduos, parcela 2 287 indivíduos, o que indica uma semelhança entre parcelas de 0,087%.

5.3.6.9 Coeficiente de semelhança de Sorensen (.CS). O coeficiente de semelhança de Sorensen (.CS) foi de 24,306 %, ou seja, existe uma semelhança muito baixa entre as parcelas 1 e 2.

5.3.6.10 Análise estatística e cálculo do erro de amostragem.

LINHAS	Área amostrada (ha)		Volume de amostragem (m)3		Produção (ha x m)3
	X	X2	Y	Y2	(X.Y)
1	0,5	0,25	54,361	2.955,118	27,181
2	0,5	0,25	50,895	2.590,301	25,448
3	0,5	0,25	48,248	2.327,870	24,124
4	0,5	0,25	61,870	3.827,897	30,935
TOTAL	2,00	1,00	215,374	11.701,186	107,687

Fração de amostragem:

$$f = \frac{\sum x}{At} = \frac{2ha}{100ha} = 0{,}02$$

Intensidad de muestreo:

$$\text{Im} = \frac{\sum x}{At} * 100\% = \frac{2ha}{100ha} * 100 = 2\%$$

Media del área muestreada

$$\overline{X} = \frac{\sum x}{n} = \frac{2ha}{4} = 0{,}5ha$$

$$\overline{X}^2 = 0{,}25(ha)^2$$

Media del volumen muestreado

$$\overline{Y} = \frac{\sum y}{n} = \frac{215{,}374m^3}{4} = 53{,}844m^3$$

$$\overline{Y}^2 = 2899{,}068(m^3)^2$$

Media de $\bar{x}$ del área muestreada por la media del volumen muestreado $\bar{y}$

$$\bar{x} * \bar{y} = 53{,}844ha * 0{,}5m^3 = 26{,}922ha * m^3$$

Volumen medio por hectárea

$$\bar{q} = \frac{\bar{y}}{\bar{x}}$$

$$\bar{q} = \frac{53{,}844(m^3)}{0{,}5(ha)} = 107{,}686(m^3)/ha$$

$$\bar{q}^2 = 11596{,}274(m^3/ha)^2$$

Cálculo do erro de amostragem

$$S^2_{\bar{q}} = \frac{(1-f)}{n*(n-1)} * \bar{q}^2 * \left[\frac{\sum x^2}{\bar{x}^2} + \frac{\sum y^2}{\bar{y}^2} - 2\left(\frac{\sum x*y}{\bar{x}*\bar{y}} \right) \right]$$

$$S^2_{\bar{q}} = \frac{(1-0.02)}{4*(4-1)} * 11596{,}274(m^3/ha)^2 * \left[\frac{1ha^2}{0{,}25ha^2} + \frac{11701{,}186(m^3)^2}{2899{,}068(m^3)^2} - 2\left(\frac{107{,}687(m^3*ha)}{0{,}5ha*53{,}844m^3} \right) \right]$$

$$S^2_{\bar{q}} = 950{,}930(m^3/ha) * 0{,}036$$

$$S^2_{\bar{q}} = 34{,}233(m^3/ha)$$

Varianza: $S^2_{\bar{q}} = 1171{,}898(m^3/ha)$

Desviación estándar

$$S_{\bar{q}} = \sqrt{S^2_{\bar{q}}}$$

$$S_{\bar{q}} = \sqrt{34{,}233(m^3/ha)^2}$$

$$S_{\bar{q}} = 5{,}850(m^3/ha)$$

Calculo del error de Muestreo

$$E\% = S\bar{q}\% = \frac{\pm S\bar{q}*100}{\bar{q}}$$

$$E\% = \frac{5{,}850(m^3/ha)*100}{107{,}686(m^3)/ha}$$

$$E\% = 5{,}433\%$$

Teste t de Studen t5 % 8gl

$$L_1, L_2 = \bar{q} \pm t^{5\%}_{gl=7} * E\%$$

Limites de confiança:

- Limite superior: L_1 = 107,686 m^3 /ha + 1,895 * 5,433 = 117,981 m /ha^3
- Limite inferior ou volume fiável: L_2 = 107.686 m^3 / ha - 1.895 *5.433 = 97.390 m /ha.^{3}
- O volume do inventário situa-se entre: **117.981 m^3** e **97.390 m^3**

com o volume mais fiável de **97,390 m^3**

❖ Volume de toda a floresta 36.915.240 **m^3**

5.3.7.1 Volume por espécie e por linha para todas as árvores encontradas com DAP >= 10 cm. Foi registado um volume total de 738,305 m^3 , distribuído pelas quatro linhas da seguinte forma: linha quatro com um volume de 187,471 m^3 , linha três com 187,926 m^3 , linha dois com 162,312 m^3 , e linha um com 200,596 m.^{3}

5.3.7.2 Volume por espécie e por linha para todas as árvores encontradas com DAP>10 cm e <= 35 cm. Para esta categoria, foi registado um volume de 353.759 m^3 , sendo as linhas seguintes as mais representativas: linha quatro com 99.983 m^3 e linha três 90.818 m .^{3}

5.3.7.3 Volume por espécie e por linha para todas as árvores encontradas com DAP>40 cm. Foi registado um volume total de 392.271 m^3 , distribuído nas quatro linhas, da maior para a menor, da seguinte forma: linha um 115.214 m^3 , linha três com 97.102 m^3 , linha quatro 93.708 m^3 , e linha dois 86.247 m .^{3}

5.3.7.4 Volume por espécie e por área amostrada para todas as árvores encontradas com DAP >= 10 cm. Foi registado um volume médio por hectare de 369.152 m^3 e um volume total dos 100 ha amostrados de 36.915.240 m^3 , onde as espécies mais representativas foram: Lechero (Brosimum utile) com um volume médio de 57.248 m^3 e um volume total de 5.724,750 m^3 , Carrá (Humberodendro patinoi) com um volume médio de 25.747 m^3 e um volume total de 2.574.650 m^3 , Boteco (Matisia sp) com um volume médio de 16.355 m^3 e um total de 1.635.450 m^3 , Anime (Protium nervosum cuatr) com um volume médio de 14.251 e um total de 1.425.100 m^3 ; entre os menos representativos registados encontram-se: Manteco (Pera arborea) com um volume médio de 0,006 m^3 e um volume total de 0,550 m^3 , Guacharaco (N.N) com um volume médio de 0,028 m^3 e um total de 2.800 m^3 e Castañeta (N.N) com um volume médio de 0,034 m^3 e um total de 3.350 m .[3]

5.3.7.5 Volume por espécie e por área amostrada para todas as árvores encontradas com DAP >10 cm e <= 35 cm. Foi registado um volume médio de 176.880 m^3 e um volume total de 17.687.950 m^3 , das quais as espécies mais representativas foram: Pau-de-leite (Brosimum utile) com um volume médio de 12.874 m^3 e um volume total de 1.287.400 m^3 , Formiga (Lunania paruiflora spr.et Benth) com um volume médio de 6.408 m^3 e um total de 640.750 m^3 , Boteco (Matisia sp) com um volume médio de 6.201 e um total de 620.100 m^3 , Anime (Protium nervosum cuatr) com um volume médio de 5.720 m^3 e um total de 571.950 m^3 ; entre os menos representativos estavam:. Manteco (Pera arborea) com um volume médio de 0,006 m^3 e um volume total de 0,550 m^3 , Guacharaco (N.N) com um volume médio de 0,028 m^3 e um total de 2,800 m^3 e Castañeta (N.N) com um volume médio de 0,034 m^3 e um total de 3,350 m .[3]

5.3.7.6 Volume por espécie e por área amostrada para todas as árvores encontradas com DAP >=40 cm. Foram registados 54 indivíduos e um volume médio de 196,136 m^3 e um volume total de

19.613,550 m^3 , distribuídos pelas espécies mais representativas da seguinte forma: Lechero (Brosimum utile) com um volume médio de 44.334 m^3 e um volume total de 4.437,,350 m^3 , Carra (Humberodendron patinoi) com um volume médio de 21.459 m^3 e um volume total de 2.145,850 m^3 , Boteco (Matisia sp) com um volume médio de 10.154 m^3 e um volume total de 1.015,350 m^3 , as menos representativas foram: Chanó (Sacoglostis procera) com um volume médio de 0,455 m^3 e um volume total de 45.500 m^3 , Lirio (Couma macrocarpa) com um volume médio de 0,791 m^3 e Choibá (Dipteris panamensis) com um volume médio de 0,791 m^3 e um volume total de 79.050 m .^{3}

5.3.7.7 Volume por linha e por área amostrada para todas as árvores com DAP >= 10 cm. Foi registado um volume amostrado de 369.152 m^3 e um volume total de 36.915.240 m^3 , sendo as linhas mais representativas: a linha um com um volume de 100.298 m^3 e um total de 10.029.800 m^3 , a linha três com um volume médio de 93.963 m^3 e um volume total de 9.396.300 m.^{3}

5.3.7.8 Volume por linha e por área amostrada para todas as árvores com DAP >=10 cm e <= 35 cm. Para este último, um volume de amostragem de 176.880 m^3 e um volume total de 17.687.950 m^3 , distribuídos ao longo das linhas da mais para a menos representativa.

5.3.7.9 Volume por linha e por área amostrada para todas as árvores com DAP >=40 cm. Foi registado um volume médio de 196.136 m^3 e um volume total de 19.613.550 m^3 , sendo as linhas mais representativas: a linha um com um volume médio de 57.607 m^3 e um volume total de 5.760.700 m^3 e a linha três com um volume médio de 48.551 m^3 e um volume total de 4.855.100m .^{3}

5.3.7.10 Volume por família e por linha de espécies com DAP >= 10 cm. Foram registadas 34 famílias com um volume total de 742.954 m^3 , distribuídas pelas quatro linhas. As mais representativas foram: Moraceae com 122.943 m^3 , Bombacaceae com 95.850 m^3 , Lauraceae com 59.187 m^3 , as menos representativas foram: Verbenaceae com 0,231 m^3 , Combretaceae com 1,286 m^3 , Simaurobaceae com 3,327 m .^{3}

5.3.8.1 Volume por família e por linha de espécies com DAP >= 10 cm e <= 35 cm. Foi registado um volume total de 450.403 m^3 , sendo que as famílias mais representativas foram: Moraceae com 69.293 m^3 , Bombacaceae com 48.289 m^3 , Lauraceae com 44.978 m^3 ; as menos representativas foram: Verbenaceae com 0,231 m^3 , Celastraceae com 1,252 m^3 , Combretaceae com 1,286 m^3 respetivamente.

5.3.8.2 Volume por família e por linha de espécies com DAP >= 40 cm. Obteve-se um volume total de 390.114 m^3 , sendo as seguintes famílias as mais representativas: Moraceae com 92.449 m^3 , Bombacaceae com 66.434 m^3 , Anacardiaceae com 23.622 m^3 , e as menos representativas foram as seguintes famílias representativas foram: Apocynaceae com 1.581 $m^{3,}$ Annonaceae com 1.581 m^3 , Clusiaceae com 2.008 m^3 e Tiliaceae com 2.472 m .^{3}

5.3.8.3 CARACTERÍSTICA DA REGENERAÇÃO NATURAL.

Composição florística. Na regeneração natural, foram encontradas 27 famílias, 77 espécies e 199 indivíduos.

As famílias mais representativas foram: N.N com 20 indivíduos, Euphorbiaceae com 11 indivíduos, Lauraceae com 9 indivíduos, Burseraceae com 8 indivíduos e Myristicaceae, Aceraceae com 7 indivíduos, respetivamente.

5.3.8.4 Densidade, coeficiente de mistura e abundância da regeneração natural para as categorias Renuevo, Brinzal e Latizal.

As espécies mais representativas foram: Anime com 14 indivíduos e uma abundância relativa de 7,955 %, Incibe com 10 indivíduos e uma abundância relativa de 5,682 %, Otobo com 9 indivíduos e uma abundância relativa de 5,114 %, e as menos representativas foram: fruta, Verbenaza, Rabo de iguana, Pampanillo, Palma táparo com 1 indivíduo e uma abundância relativa de 0,568 %, respetivamente.

Na categoria Brinzal, foi registado um total de 157 indivíduos, onde as espécies mais representativas foram: Algodoncillo com 13 indivíduos e uma abundância relativa de 8,280 %, Palma sin rama com 9 e uma abundância relativa de 5,732 %, Palma meme, Quiribe com 8 indivíduos e uma abundância relativa de 5,096 %, Incibe com 7 indivíduos e uma abundância relativa de 4,459 %. E as menos representativas foram: Mayorquín com 4 indivíduos e uma abundância relativa de 0,433 %, Parrillo, Pampanillo, Palma rabo de zorra com 1 indivíduos e uma abundância relativa de 0,637 %. As espécies mais representativas foram: Sajo com 7 indivíduos e uma abundância relativa de 4,930 %,

Aceite maria, Dinde com 6 e uma abundância relativa de 4,225 %, Algodoncillo, Costillo, Guamo com 5 indivíduos e uma abundância relativa de 3,521 %, e as espécies menos representativas foram: Verbenaza, Vaina, Perdis, Parrillo, Palo blanco com 1 indivíduo e uma abundância relativa de 0,704 %.

5.3.8.5 Frequência de regeneração natural para as categorias Renuevo, Brinzal e Latizal. Na categoria Renuevo foram registados um total de 92 indivíduos, onde as espécies mais representativas foram: Carra, Incibe com 4 indivíduos e uma frequência relativa de 4,348 %, Anime, Caimito de monte, Chanó, Choibá com 3 indivíduos e uma frequência relativa de 3,261 %, e as menos representativas foram: Virgusa, Verbenaza, Vaina, Uva, Tuabe com 1 indivíduo e uma frequência relativa de 1,087 %, cada uma.

Na categoria Brinzal, foi registado um total de 157 indivíduos, sendo as espécies mais representativas Lechero com 8 indivíduos e uma frequência relativa de 5,096 %, Nuánamo. Formiga branca, Caimito e Guamo com 6 indivíduos e uma frequência relativa de 3,822 %, Algarrobo, Caraño, e Anime com 5 indivíduos e uma frequência relativa de 3,185 %, e as menos representativas foram: Guamo amarillo, Uva, Jigua amarillo, Castaño, Pantano, Tometo, Hueso e Flor de rosa com 1 indivíduo e uma frequência relativa de 0,637 %, respetivamente. Na categoria Latizal, registou-se um total de 131 indivíduos onde as espécies mais representativas foram: Hormigo blanco com 6 indivíduos e uma frequência relativa de 4,580 %, Guamo com 5 indivíduos e uma frequência relativa de 3,817 %, Bolenillo, Anime, Carbonero, Hormigo colorado, Jigua negro com 4 indivíduos e uma frequência relativa de 3,053 %, respetivamente, e as menos representativas foram: Guayacán negro, Casaco, Pampanillo, Laurel, Castaño com 2 indivíduos e uma frequência relativa de 1,527 %, respetivamente , Uva, Cedro macho, Tometo, Flor de rosa, Bongo, Algodoncillo e Carate com um indivíduo e uma frequência relativa de 0,763 %.

5.3.8.6 Critérios para a seleção das espécies a colher. O critério mais importante a ter em conta para a seleção das espécies a colher é que estas tenham o diâmetro mínimo de corte exigido pela corporação autónoma de cada região, que na nossa zona é de 40 cm de DAP.

6. CONSIDERAÇÕES AMBIENTAIS

6.1 MEDIDAS DE PREVENÇÃO E ATENUAÇÃO DOS IMPACTOS NOS RECURSOS BIÓTICOS E ABIÓTICOS.

As medidas que devem ser tidas em conta no inventário para evitar impactos ambientais negativos, ou para mitigar a utilização destas espécies, baseiam-se principalmente numa boa gestão silvícola que minimize a deterioração das componentes bióticas e abióticas geradas por este tipo de trabalho e que, ao mesmo tempo, garanta a sustentabilidade da floresta e dos recursos nela existentes.

6.1.1 Considerações Ambientais na Colheita Florestal. Em geral, os recursos florestais serão extraídos de forma artesanal, com técnicas primárias que destroem a vegetação que mais tarde substituirá a floresta adulta, cortando florestas de fácil acesso ao longo de rios e riachos. As técnicas de corte são ineficientes e uma elevada percentagem do material cortado permanece na floresta e não é incorporado nos mercados.

Para fazer um bom uso da massa florestal sem causar um impacto ambiental tão negativo, a seleção das árvores a abater, bem como as diferentes técnicas a utilizar, devem ser tidas em conta. O plano de gestão florestal deve também incluir um bom plano de gestão que reduza os efeitos negativos no ambiente causados pelo abate da floresta e determine a forma de compensar os danos causados aos ecossistemas presentes na floresta.

6.1.1.1 Vias de acesso (transportes principais). Devido às condições topográficas da zona e à dificuldade de transporte da madeira por terra, considera-se que a melhor forma de transportar a madeira para o local de transformação seria por água, devido às condições da aldeia e à dificuldade de utilização de outros meios de transporte.

6.1.1.2 Trabalhos de abate de árvores. O abate de árvores é uma atividade que se realiza para deslocar a árvore de uma posição vertical para uma posição horizontal; na realidade, estas tarefas são realizadas com ferramentas como machados e motosserras. Esta última permitiu uma maior extração do recurso, uma vez que é empurrada pelo combustível. Em geral, os trabalhos de abate no distrito de Pie de Pepé são efectuados no início da época estival, para garantir uma maior mobilização da madeira, o que facilita a tarefa das mulas.

6.1.1.3 Armazenamento de toros. Uma vez serrados e transportados para o local de comercialização (Istmina), os toros são armazenados e comercializados, em muitos casos rapidamente.

6.1.2 Conservação da Biodiversidade. Pie de Pepé é uma aldeia com uma grande variedade de espécies vegetais e animais. É essencial gerar planos de gestão que garantam a persistência e a sustentabilidade dos recursos.

6.1.2.1 Medidas de mitigação de impactes e aumento de benefícios. É necessário implementar medidas que garantam a minimização dos impactos negativos e que, de facto, proporcionem maiores benefícios socioeconómicos aos produtores da zona, como a utilização de técnicas de gestão florestal silvícola no caso de a floresta poder ser renovada ou reflorestada, mas não se poder regenerar de forma sustentável para garantir rendimentos económicos e, consequentemente, um melhor modo de vida para a comunidade.

6.2 CONSERVAÇÃO DO SOLO E DA ÁGUA.

6.2.1 Recursos do solo. São limitados pela drenagem (encharcamento) devido à presença de entulho e/ou pedras, ou por inundações frequentes, pelo que requerem uma série de práticas de adaptação e gestão de acordo com a sua natureza. É importante conservar estes solos porque podem ser utilizados, principalmente para culturas intensivas, e podem ser utilizados para a silvicultura, devido ao facto de os seus ecossistemas apresentarem uma elevada diversidade de flora e de espécies de madeira comercial.

Estes solos são favorecidos pela topografia plana e por um pH ótimo que lhes permite fornecer elementos nutritivos às plantas sem grandes restrições. A terra tem uma vocação agrícola para produtos como a banana, o borojo, o chontaduro, a bananeira e as árvores de fruto.

6.2.1.1 Impactos esperados. Estes solos são caraterísticos das regiões tropicais muito húmidas do país; são terras de vocação florestal importante no equilíbrio dos ecossistemas dos trópicos húmidos.

Correspondem a sectores planos e montanhosos, mas dedicados à atividade agrícola com factores adversos, tais como solos pouco profundos, materiais susceptíveis de erosão, disposição dos estratos, que naturalmente facilitam a erosão.

6.2.1.2 Medidas de mitigação de impactes e aumento de benefícios. O objetivo é implementar medidas e técnicas de gestão florestal e silvícola que proporcionem maiores benefícios socioeconómicos, ambientais e ecológicos aos produtores e à população em geral.

6.2.2 Recursos Hídricos. O recurso água é muito abundante no distrito de Pie de Pepé, é utilizado como meio de transporte e para o abastecimento de água potável e como meio de subsistência através da pesca artesanal. Isto implica, portanto, uma gestão adequada deste recurso com vista à sua conservação. A vulnerabilidade dos rios e riachos do corregimiento deve-se à crescente contaminação derivada da descarga de esgotos, excrementos e lixo. A intensidade destas práticas afecta os corpos de água, apesar de estes terem os seus próprios mecanismos de limpeza.

6.2.2.1 Impactos esperados. Os recursos hídricos podem constituir riscos porque constituem um perigo potencial para as culturas, as pastagens e a população residente. As cheias ocorrem quando há aguaceiros intensos ou chuvas fortes As cheias ocorrem em planícies aluviais, planícies aluviais, planícies aluviais, planícies aluviais, planícies aluviais, planícies aluviais, planícies aluviais, planícies aluviais, planícies aluviais e planícies aluviais. As inundações ocorrem em planícies de inundação, planícies de inundação, especificamente em vales fluviais e terraços baixos, e são maximizadas quando a cobertura vegetal que regula o regime hídrico desapareceu ou foi drasticamente reduzida. As inundações constituem uma ameaça quando as áreas acima referidas são utilizadas para outros fins que não a proteção, causando perdas económicas e humanas.

6.3 UTILIZAÇÃO DE PRODUTOS QUÍMICOS.

6.3.1 Manuseamento de combustíveis e lubrificantes. A utilização de ferramentas é indispensável num processo de colheita. Estas ferramentas são à base de combustíveis e óleos, que devem ser colocados em locais limpos e seguros para evitar perdas e dispersão na área. Por outro lado, há que ter especial cuidado com a utilização de óleos e combustíveis, pois estes têm uma influência negativa na água aquando da extração da madeira da floresta e, se não forem bem geridos, podem contaminar a água e causar danos às espécies presentes na ribeira.

6.3.2 Primeiros socorros. Ao entrar na floresta ou na área de estudo, deve ser transportado um estojo de primeiros socorros, com medicamentos fáceis de manusear e rapidamente eficazes, em caso de acidente. O objetivo não é suspender o trabalho, evitando assim a perda de tempo durante a realização das diferentes actividades envolvidas na exploração florestal.

6.3.3 Incêndios. Embora os incêndios florestais não sejam tão comuns neste ambiente, quer devido ao sol, quer devido às altas temperaturas, é necessário ter muito cuidado para manter uma boa cobertura vegetal, a fim de preservar a humidade relativa do solo para evitar a secagem e o murchamento das plantas mais pequenas. Além disso, não se devem deitar sacos de plástico ou outros detritos na floresta.

6.4GESTÃO DE RESÍDUOS.

Neste distrito não existe rede de esgotos, mas a maior parte da população dispõe de uma retrete sanitária como solução individual, sendo a água evacuada através de condutas para as ribeiras dos rios Banderillero, El Bracito e Pepé. A descarga de águas residuais afecta as fontes de água, a sua estabilidade ambiental dado o número de pessoas e a localização da descarga, que corresponde à parte superior ou nascente do rio Pepé. Também deve ser levado em conta que as populações a jusante são servidas pela mesma fonte. A cobertura do serviço de saneamento ou recolha e tratamento de resíduos sólidos é de 0% em todo o concelho. A ausência deste serviço é bastante notória, a maior parte das famílias do corregimiento deita o lixo nas traseiras das casas, vulgarmente designadas por "Paleadera", permitindo a proliferação de alguns insectos (moscas e mosquitos), não existindo também um local destinado exclusivamente ao depósito de resíduos sólidos. A maioria dos habitantes despeja os seus resíduos diretamente nos rios ou ribeiros. Outro tipo de evacuação que ocorre é o depósito temporário de resíduos nos quintais para posterior despejo no rio. A ausência de vias de comunicação terrestres dificulta a recolha e a deposição dos resíduos de forma centralizada.

6.5CONSIDERAÇÕES AMBIENTAIS NA SAÚDE HUMANA.

O abastecimento de água potável é uma das prioridades fundamentais como um dos serviços básicos. Requer um planeamento estratégico baseado em critérios de eficácia, eficiência e impacto social. É necessário dispor de um sistema completo de abastecimento de água, quer por gravidade, quer por bombagem (captação, reservatórios e rede de distribuição). A aldeia requer diferentes tipos de alternativas para a gestão das águas residuais e dos resíduos sólidos. Para melhorar as condições de saúde humana desta população, sugere-se a implantação de sistemas de esgotamento sanitário com rede completa de colectores, poços e lagoas de arejamento; também um sistema de fossas sépticas biodigestoras como sistema alternativo de tratamento de águas residuais, incluindo a disponibilização de fossas sépticas e colectores multifamiliares; e a disponibilização de um sistema de aterro sanitário, com certa proximidade à área urbana, criando adicionalmente um sistema de recolha de resíduos sólidos adequado às caraterísticas destas populações.

6.6 ESTRATÉGIAS E INSTRUMENTOS PARA O CONTROLO AMBIENTAL PELOS INTERVENIENTES NA GESTÃO SUSTENTÁVEL DAS FLORESTAS.

Neste aspeto, propõe-se que a riqueza natural seja uma opção real de desenvolvimento, com base em acções como a promoção do uso sustentável dos recursos naturais (floresta, fauna, solo) para alcançar a segurança alimentar, tendo em conta as práticas produtivas ancestrais ligadas ao meio natural. Promover o valor dos serviços ambientais, os usos avançados da biodiversidade e os direitos das comunidades sobre eles, e o reforço da investigação e da oferta tecnológica adequada. A floresta deve ser gerida de forma sustentável, a fim de obter recursos para a geração atual e garantir o recurso para as gerações futuras. Neste sentido, as Corporações Autónomas são responsáveis pelo acompanhamento desta estratégia.

6.6.1 Pela Autoridade Ambiental (CODECHOCÓ). A Corporación Autónoma Regional para el Desarrollo Sostenible del Choco (CODECHOCÓ) é a autoridade ambiental encarregada de assegurar a consecução e a manutenção do desenvolvimento sustentável. Este termo é aplicado ao desenvolvimento económico e social que satisfaz as necessidades do presente sem comprometer a capacidade das gerações futuras de satisfazerem as suas próprias necessidades. Existem dois conceitos fundamentais no que respeita à utilização e gestão sustentáveis dos recursos naturais. Em primeiro lugar, as necessidades básicas da humanidade (alimentação, vestuário, habitação e trabalho) devem ser satisfeitas. O principal objetivo do desenvolvimento sustentável de uma comunidade deve ser o de garantir a segurança alimentar para satisfazer todas as necessidades básicas. O objetivo é criar uma elevada qualidade de vida para a população no seu conjunto.

6.6.2 Para a comunidade. Sensibilizar a comunidade de Pie de Pepé para a necessidade de adotar um sistema de utilização sustentável da floresta e de gestão dos recursos naturais renováveis que permita melhorar o seu nível de vida social, económico, ecológico e técnico.

7.PARTICIPAÇÃO DA COMUNIDADE

No que diz respeito à organização e à participação da comunidade nos processos de decisão e nas acções de desenvolvimento socioeconómico, é possível constatar que a comunidade de Pie de Pepé é muito organizada; existem práticas tradicionais de solidariedade e de compadrio, em projectos de interesse comum. Esta comunidade tem uma estrutura social organizada em torno de projectos culturais e de desenvolvimento em geral.

BIBLIOGRAFIA

Esquema de Ordenamento Territorial Medio Baudó (2006-2016). CODECHOCO - IIAP. Plano de Ordenamento Territorial Médio Baudó (2016). CODECHOCO - IIAP.

Técnico Florestal (2000). Primeira edição.

Printed by Books on Demand GmbH, Norderstedt / Germany